AF338544

VOYAGE

A

LA RASSAUTA.

LETTRE A M. A.... DÉPUTÉ,

PAR

C. SOLVET,

*Juge au tribunal supérieur des possessions françaises
du nord de l'Afrique,*

VICE-PRÉSIDENT DE LA SOCIÉTÉ COLONIALE D'ALGER,

membre de la Société Asiatique de Paris, etc.

MARSEILLE,

Imprimerie de Marius OLIVE,

RUE PARADIS, 47.

—

1838.

VOYAGE

A

La Rassauta.

(14 AVRIL 1836.)

LETTRE A M. A.... DÉPUTÉ.

Monsieur,

Le nom d'Alger va retentir encore, à l'occasion du budget de 1837, dans la chambre législative; et s'il est vrai que notre colonie naissante soit condamnée cette année à subir de nouveau les attaques de quelques esprits systématiques, au moins devons-nous espérer qu'on n'entendra plus reproduire certains arguments répétés jusqu'ici avec complaisance par tous les adversaires de la colonisation. On disait, par exemple, l'année dernière, que des obstacles insurmontables et des périls sans nombre empêcheraient pendant longtemps encore le paisible cultivateur de descendre dans cette admirable plaine de la Mitidjah, sans laquelle la possession d'Alger ne sera jamais qu'onéreuse à la France. On se plaisait à représenter l'Arabe comme un être impatient du joug de la civilisation, qu'il fallait, avant tout, tout massacrer ou refouler vers le désert, et l'on ajoutait que la fusion des races musulmanes avec les races chrétiennes n'étant qu'une utopie, qu'une de ces idées chimériques impossibles à réaliser, c'était pour un peuple civilisé acheter trop cher la colonisation que de la payer au prix du sang des populations indigènes. Ces arguments spécieux ne laissaient pas que d'ébranler, il faut l'avouer, bien des convictions contraires, même en Afrique ; mais aujourd'hui ils sont appréciés et réduits à leur juste valeur. Un homme d'une volonté ferme et réfléchie s'est chargé d'en démontrer la futilité, et un succès inespéré a couronné son entreprise : je veux parler de M. le prince de Mir, dont on connaît peu sans doute à Paris et le courageux dévoûment et l'établissement tout national qu'il a fondé.

M. le prince de Mir est une de ces illustres victimes de la dernière révolution de Pologne. Forcé par les événements politiques de quitter sa famille dispersée en Europe, et de s'expatrier avec trois enfants jeunes encore, il est venu à Alger chercher un asile et oublier ses malheurs et ceux de son pays. Doué d'un esprit éminemment juste, il comprit bien vite les avantages politiques et commerciaux de cette belle terre d'Afrique livrée à l'industrie des Européens, et il conçut en même temps l'idée

de fonder dans la Mitidjah un grand établissement agricole. Mais que de difficultés,
que d'obstacles à vaincre! Une terre, pour
ainsi dire vierge, à féconder; des ressources
de toute nature à créer pour la cultiver; des
peuplades barbares, cruelles, fanatiques à
dompter ou à gagner, et par-dessus tout, les
préjugés du monde, l'ignorance, l'envie même à surmonter; rien ne rebuta M. le prince
de Mir : il avait tout prévu, tout calculé.

Un arrêté du 3 juin 1835, rendu sous le
gouvernement de M. le comte d'Erlon, lui
concéda, à des conditions avantageuses,
de grandes propriétés domaniales connues
sous les noms de Hausch-Rassauta, Beme-
red, Meridja, el Bey et ben Zergua. Situées
dans la plaine de Mitidjah sur le territoire
des Haribs, en face des tribus de Kaschna
et de Béni-Moussa, elles s'étendent le long
de la côte orientale de la magnifique rade

d'Alger, depuis à peu près la Maison-Carrée jusqu'au cap Matifoux, au-delà des ruines intéressantes de l'antique Rustonium. Leur enceinte comprend environ cinq mille hectares de terres arrosées par l'Hamise et d'autres petits ruisseaux. Une douzaine de fractions de tribus arabes, naguère nos ennemies, campent sur ce vaste territoire qui composait, avant la conquête des Français, le Deylick ou domaine du chef de l'état. A cette superbe concession, à cette immense propriété, telle qu'il ne peut guère en exister de semblable en Europe, le prince a joint encore deux mille hectares de terres au moyen de transactions particulières.

Si pour exploiter un domaine de cette importance M. le prince de Mir n'avait compté que sur le secours des Européens, l'opération eût été, quant à présent, impossible. Où trouver, en effet, dans l'état actuel des choses, le nombre d'ouvriers suffisant pour un pareil travail? Où trouver surtout les fonds nécessaires pour une si grande entreprise? Mais il avait des vues bien plus étendues : d'un côté, il sentait que pour obtenir des résultats en ce pays, pour posséder et cultiver avec sécurité, il fallait se servir des indigènes habitués aux difficultés du sol et du climat, et les intéresser à l'œuvre ; en un mot, chercher sur le terrain même la force motrice pour le faire produire; d'un autre côté, il n'oubliait pas que le but de la conquête devait être en définitive d'ouvrir un asile, d'offrir une nouvelle patrie à ces classes pauvres et laborieuses du Continent auxquelles il ne manque qu'un espace assez vaste pour utiliser leurs bras. C'était donc sur le concours des Arabes qu'il osait fonder des espérances; et une véritable fusion entre les Européens et les indigènes, tel était le problème qu'il voulait tenter de résoudre.

Rempli de ces idées grandes et généreuses, M. le prince de Mir, après s'être assuré de quelques ressources bien faibles pour arriver aux fins qu'il se proposait, se décida, le 1er novembre 1835, à quitter Alger, et il vint hardiment s'établir à la Rassauta, point central de ses propriétés sur le bord de la mer, à cinq lieues environ d'Alger et à une lieue des avant-postes.

J'avais besoin, monsieur, de ce long préambule avant d'entreprendre le récit d'une visite que je viens de faire à la Rassauta, et dont les détails exciteront, j'en suis sûr, votre curiosité, si j'en juge par l'intérêt que vous portez à notre nouvelle colonie. Depuis quelque temps j'entendais exprimer diverses opinions sur ce nouvel établissement; les uns en parlaient avec exaltation, d'autres avec plus que de l'indifférence. Je tenais à m'assurer par moi-même du véritable état

des choses, et le 14 avril, par une belle ma-
tinée de printemps, je partis d'Alger avec
M. Paul Aubin, membre comme moi de la
Société Coloniale. Sortis de la ville par la
porte Bab-Azoun, nous suivîmes cette route
à perte de vue qui conduit au pont de l'Harrach, ayant à gauche la mer et le spectacle
toujours nouveau de ses flots agités; à droite
les verdoyants coteaux de Mustapha-Pacha
jonchés de leurs riantes maisons de campa-
gne. En deux heures nous arrivâmes à la
Maison-Carrée, le dernier de nos postes
militaires vers cette partie de la plaine de
Mitidjah, et nous nous engageâmes ensuite
dans une route tracée à gauche, au milieu
des broussailles, sans trop savoir si elle nous
conduisait directement à notre destination.
Nous cheminions depuis une heure environ,
et nous n'avions rencontré que quelques
femmes indigènes près d'un puits au bord
de la route, et plus loin un Arabe qui courut
après notre voiture en nous demandant du

tabac, lorsque ayant monté une petite col-
line, notre vue se plongea tout-à-coup sur
des constructions européennes, au milieu
desquelles s'élevait une jolie maison avec
une espèce de clocher surmonté d'une grande
croix de fer : c'était la Rassauta; c'était la
demeure de M. le prince de Mir. Au même
instant le son d'une cloche qui annonçait
aux ouvriers l'heure du déjeûner frappa
nos oreilles, et des hommes, des femmes,
des enfants se dirigeaient par bandes et de
différents côtés vers la maison.

Je n'essaierai pas, monsieur, de vous
peindre ici les diverses sensations que nous
éprouvâmes à ce spectacle inattendu. Cette
espèce d'oasis, ou plutôt ce village européen
au milieu du désert; ces cultures à l'entour
qui décélaient une main intelligente et qui
contrastaient si fort avec la végétation sau-
vage de la partie de la plaine que nous venions

de parcourir ; peut-être aussi, tant les sou-
venirs sont puissants, le son de la cloche que
nous n'avions pas encore entendu depuis
notre sortie d'Europe ; mais surtout cette
croix, ce signe naguère abhorré des Musul-
mans, qui, après douze siècles, reparaissait
sur ces rivages africains comme un symbole
de la civilisation européenne, arboré et main-
tenu par l'autorité morale d'un seul homme :
tout cela excita en nous une émotion dont
nous n'étions pas encore remis, lorsque
nous abordâmes le prince sur la terrasse
de sa maison.

Quel magnifique panorama se déroulait
alors à nos regards ! Devant nous l'immen-
sité de la plaine, tapissée de verdure, parse-
mée de bouquets d'arbres, vaste solitude où
l'on découvre à peine sur les plans les plus
rapprochés quelques rares troupeaux et
quelques tentes noires surbaissées, tristes

demeures des Arabes nomades ; au-delà, les flancs abruptes du petit Atlas ; derrière nous, l'élégante rade d'Alger ; et dans le lointain, la ville elle-même, toute resplendissante des rayons du soleil, et dont l'éclatante blancheur se relève sur les belles ondes bleuâtres de la mer Méditerranée se mariant à l'horizon avec l'azur des cieux.

Après un déjeûner que nous prîmes dans une salle à manger garnie d'un ratelier d'armes respectable, nous nous préparâmes à monter à cheval pour visiter la propriété ; cependant, comme le prince, fidèle à la règle qu'il s'est imposée, ne pouvait sortir qu'à midi, heure de la reprise des travaux, je profitai de quelques instants que j'avais devant moi pour voir en détail les alentours et les dépendances de la maison principale.

Avant que M. le prince de Mir vint y

demeurer; cette maison, siége autrefois de l'etablissement d'un haras, n'était qu'une masure qu'il a fallu restaurer presque en entier. Maintenant elle est entourée d'un mur propre à défendre ses approches et flanquée à droite de vastes écuries et d'un grand atelier de menuiserie; à droite encore et à très peu de distance en avant vers la plaine, s'étend un large bâtiment carré percé tout autour de meurtrières et destiné dans le principe à loger des troupes, car le prince avait d'abord pour se garder un faible déta-chement de cavalerie dont il a demandé depuis le rappel, à raison de ses relations amicales avec les Arabes ses voisins. Dans ce bâtiment est établie une cantine, pour me servir de l'expression usitée; en face, à gauche de la maison principale, est un autre bâtiment contenant une forge et une bou-langerie. Derrière la maison, du côté de la mer, on a tracé tout nouvellement une très longue allée bordée d'une belle plantation de peupliers. Sur la droite de cette allée, tout près de la maison et au milieu de figuiers de Barbarie, est un jardin d'essai, bien entretenu, bien arrosé, d'une contenance de trois arpents et planté, entre autres choses, de dix-huit cents boutures de mûriers, de deux mille boutures de peupliers et, en outre, d'abricotiers, de coignassiers, de figuiers, de maïs, de diverses espèces de coton, etc. Au-delà de ce jardin et du même côté, jaillit une belle fontaine avec un large bassin de pierre, et plus loin sur la droite se trouve un vaste enclos, au pied des murs duquel sont tendues une vingtaine de tentes, abri grossier de plusieurs familles arabes que le prince appelle ses domestiques. Enfin, au bout de l'allée de peupliers dont j'ai déjà parlé, s'élève une ferme ou grand bâtiment restauré à neuf où logent un tailleur et plusieurs familles d'ouvriers. Tout autour de ces bâtiments et de ces établissements, parmi lesquels j'ai oublié de citer une boucherie, une école arabe, allemande et française, et une pharmacie sous la direction d'un docteur allemand, qui donne gratuitement ses soins aux Européens et aux indigènes, on n'aperçoit que des terres cultivées en céréales.

Midi venait de sonner; le prince de Mir nous attendait, nous le rejoignîmes et nous partîmes aussitôt à cheval dans la direction du cap Matifoux. Pendant plus d'une lieue et demie que nous parcourûmes depuis la Rassauta jusqu'à l'Hausch ben Zergua, nous ne cessâmes de longer les champs de blé, d'orge ou de légumes, qui promettent une abondante récolte et qui s'étendent des deux côtés de l'Hamise, petite rivière très encaissée et moins forte que l'Harrach. Mais un spectacle singulier nous attendait à ben Zergua : le prince y fait en ce moment bâtir, et ses maçons sont des Arabes dont les tentes couvrent un espace voisin ; eh bien,

croiriez-vous, monsieur, qu'une seule famille
allemande, composée du père, de la mère et
de deux grandes filles fort jolies, est confi-
née, isolée dans cette ferme éloignée, et demeure en paix et en pleine sécurité au milieu
de tous ces Arabes? Comme j'en témoignais
de l'étonnement, le prince nous dit qu'il
venait d'établir récemment deux autres familles allemandes au cap Matifoux, c'est-à-
dire à environ dix lieues d'Alger, et dans un
endroit où l'on ne se serait guère risqué l'année dernière d'aller passer quelques heures
en débarquant furtivement sur la plage. En
effet, l'intention du prince est de placer dans
chaque ferme formant un village arabe une
ou plusieurs familles enropéennes. Il espère,
avec raison, exciter par ce rapprochement
l'amour-propre des indigènes, et les amener
peu à peu à imiter nos habitudes et à per-
fectionner leur travail. Mais pour cela ce
sont des familles allemandes qu'il choisit de
préférence; car, ainsi qu'il le remarquait

très justement, les Allemands sympathisent, en général, beaucoup mieux que les Français avec les Arabes : sérieux, graves, de mœurs douces et laborieuses, ils leur imposent naturellement; tandis que les Français avec leur ton railleur, leurs manières vives et bruyantes, les inquiètent et les irritent, eux qui sont soupçonneux et susceptibles à l'excès. Et puis encore, il faut l'avouer, souvent les Français ne se respectent pas assez eux-mêmes. Prompts et faciles à se familiariser, ils usent ensuite trop largement de leurs droits de vainqueurs, quand l'Arabe vient à abuser de la liberté qu'ils lui ont laissé prendre, et celui-ci, forcé de se soumettre, garde un long souvenir de l'offense et sait se venger dans l'occasion. Et il faut bien qu'il en soit ainsi; car est-ce à autre chose qu'à la tranquillité et à la dignité de son maintien, à sa gravité, à son air de supériorité et de protection que le prince de Mir doit cet empire moral qu'il paraît exer-

cer sur tous ces Arabes? Il inspecte ordinai-
rement son domaine, seul, à cheval, sans
armes, une seule cravache à la main, et il
fait beau voir avec quel respect tous ces
hommes, à moitié sauvages, s'empressent
et obéissent à sa voix. Partout où nous rencontrions des Arabes, ils saluaient le prince
en portant la main à la tête comme des pay-
sans de Pologne ou de Russie quand ils ren-
contrent leur seigneur. Arrivions-nous à
portée d'une tribu, le prince qui connaît
tous ces hommes en appelait un par son
nom, et aussitôt celui-ci de délier les pieds
de son cheval et de marcher devant nous.
Il est vrai qu'à son air sérieux, à son ton
de supériorité, il joint une douceur et une
bonté sans égale. Devant une tribu où nous
nous arrêtâmes un instant, il lui arriva de
tirer sa montre, et, comme des Arabes s'em-
pressaient autour de son cheval pour la voir,
il la fit sonner à leurs oreilles, ce qui parut
les ravir d'admiration. Devant une autre

tribu, un groupe d'Arabes lui amena un jeune enfant, à l'instruction duquel il s'intéresse probablement, et il lui fit répéter gravement les premières lettres de l'alphabet français. Jamais il ne sort sans distribuer en passant quelque monnaie. Il sait faire à propos et sans qu'on les lui demande certaines concessions nécessaires envers un peuple aussi indépendant que celui de la plaine, et surtout il se pique en toute occasion d'une justice rigoureuse et d'une exactitude ponctuelle à remplir ses engagements.

C'est de cette manière et en s'attachant particulièrement les marabouts, hommes les plus influents du pays, qu'en moins de six mois il a su se faire respecter des Arabes, au point de ne plus avoir besoin d'aucune protection militaire; qu'il a su les intéresser aux progrès de sa culture, mettre en activité par leur moyen cent-cinquante bœufs et soixante-quinze charrues, défricher deux mille arpents de terre, faire vivre en paix environ trois cents Européens de toutes nations, qu'il emploie maintenant à côté de huit cents Arabes à peu près qui habitent et travaillent sur son territoire, et élever toutes ces constructions, former tous ces établissements dont j'ai déjà parlé. Il a fait plus encore : il est parvenu à lier des relations avec des tribus éloignées que nous considérons même aujourd'hui comme ennemies ; il a trouvé le secret de rendre nécessaires aux Arabes des choses indifférentes pour eux jusqu'à ce jour ; et enfin, tout en ne gênant pas leur culte, il les a familiarisés avec le nôtre, dont naguère le fanatisme et l'ignorance leur faisaient éviter le contact odieux.

Mais je m'aperçois que, sans y penser, je me suis laissé entraîner à une bien longue digression ; je retourne donc en toute hâte sur mes pas, et je reviens à Ben-Zergua. De cette ferme, nous nous dirigeâmes vers le milieu de la plaine du côté de Hausch-el-Bey, laissant derrière nous les ruines de Rustonium auxquelles je me promets bien de rendre visite un jour, à présent que le chemin est libre et qu'il n'est plus besoin d'escorte. Partout nous rencontrions, et un pays superbe, et des champs cultivés, et des visages amis ; les femmes même et les jeunes filles ne fuyaient pas à notre approche, comme je les avais vues faire l'année dernière dans d'autres parties de la plaine que j'ai eu l'occasion de traverser, et nous rentrâmes à la maison, après avoir marché pendant quatre grandes heures et parcouru au moins six ou huit lieues dans la Mitidjah avec autant de sécurité que sur la route la plus fréquentée de France. Nous prîmes alors congé de M. le prince de Mir, non sans lui témoigner notre admiration de tant et de si grands résultats obtenus en si peu de temps, et nous remontâmes en voiture pour regagner Alger, où nous arrivâmes à l'entrée de la nuit.

Tel est, monsieur, le récit de l'excursion que je viens de faire à la Rassauta; j'ai cru, je le répète, qu'il pourrait exciter votre intérêt; car c'est toujours un grand et beau spectacle que celui d'un homme qui, malgré les obstacles semés sur sa route, marche hardiment, sans se déconcerter, à son but, et y parvient à force de travail et de persévérance. M. le prince de Mir s'est dévoué tout entier à l'entreprise qu'il a dirigée jusqu'à présent avec tant de bonheur. Il est à la tête de tout; il est partout à la fois, et, quoique secondé par des hommes pleins de zèle et d'intelligence, parmi lesquels je citerai M. Raynaud, ancien chef de bataillon d'artillerie de la marine, c'est lui seul qui donne l'impulsion et fait tout marcher, d'après une règle invariable. Chaque soir, par exemple, il reçoit les comptes qu'ont à lui rendre les chefs ouvriers, les gardes champêtres, les chefs surveillants arabes, tant pour la grande que pour la petite culture. Le dimanche, jour de repos pour les Européens comme pour les indigènes, on fait la paye des ouvriers, et le prince passe presque toute la journée entouré de vingt-cinq ou trente chefs arabes avec lesquels il s'entend sur les travaux à exécuter dans les différentes fermes éloignées de l'habitation principale. C'est par cette assiduité, par cette activité peu commune, jointe à une patience intelligente, à un grand sens, à des vues élevées, à un courage à toute épreuve, qu'il a déjà fait tant de progrès, gages de plus grands progrès encore. Honneur lui en soit rendu! car l'établissement de la Rassauta est devenu, à mon avis, entre ses mains, non-seulement un grand exemple pour nos

Colons (1), mais encore le plus solide argument que nous puissions opposer cette année aux détracteurs de la colonisation.

Agréez, Monsieur, etc.

Ch. SOLVET.

(1) L'exemple de M. le prince de Mir a déjà porté des fruits, et tout annonce qu'il en portera de plus grands encore. Plusieurs personnes sont récemment descendues dans la plaine; nous citerons entre autres M. Vialard, qui exécute en ce moment des travaux considérables de construction, de desséchement et de culture à l'Hausch-Barraki, sur la rive droite de l'Harrach, vis-à-vis la Ferme-Modèle; et surtout M. Mercier, gérant d'une société d'actionnaires, laquelle possède un capital de 600,000 fr. qui, au besoin, pourra être porté jusqu'à 900,000. Vers le 20 mars dernier, M. Mercier est allé courageusement s'établir avec soixante Européens à l'Hausch Reghaïa, vaste domaine d'environ trois mille deux cents hectares, situé sur la rivière Reghaïa, entre l'Hamise et l'Isser, à huit lieues d'Alger, cinq de la Maison-Carrée et trois de la Rassauta, c'est-à-dire plus loin encore que celui de M. le prince de Mir. Une chose remarquable, c'est que cette propriété est sous la protection des Arabes de la tribu de Kaschna, qui y ont un poste de vingt hommes se relevant tous les jours. Malgré le peu de temps écoulé depuis que M. Mercier s'est décidé à aller demeurer dans cette ferme si éloignée, on peut signaler, pour ainsi dire, des prodiges. D'abord les relations les plus amicales existent entre les Euro-

péens et les indigènes, et ensuite douze charrues, tant arabes qu'européennes, ont été mises en mouvement; plus de vingt hectares de terre sont déjà cultivés, dont douze ensemencés en coton, tabac, riz, maïs, etc., et un planté en pépinière. Dans ce dernier se trouvent 2,000 boutures de peupliers, 1,800 boutures de mûriers, 500 poiriers et pommiers, etc.; en outre, on a déjà planté dans la propriété 100 peupliers d'Italie, 200 pieds de vignes, 400 boutures de cannes à sucre, et l'on a greffé 4,000 oliviers. Cet établissement, qui occupe maintenant cent dix personnes, en y comptant les Arabes, donne les plus belles espérances.

Beaucoup d'autres personnes s'apprêtent aussi à descendre dans la plaine : M. Montagne fils, par exemple, gérant de la compagnie d'Albertas, ainsi que M. Lafont-Rillet, vont faire exploiter l'Hausch ben Schenouf, propriété de trois cents hectares environ à l'est de Bouffarick, sur la rive gauche de l'Harrach et à deux lieues de la Ferme-Modèle. M. Lafond-Rillet, recommandataire de la compagnie d'Avignon, est tout près aussi de former un grand établissement à l'ouest de la plaine de Mitidjah, du côté du Mazafran, à 6 lieues d'Alger, pour le compte de la même compagnie, et il va encore mettre en culture une partie de l'Hausch Byr el Touta, ferme d'une contenance de 15,000 hectares, à 4 lieues d'Alger sur la rive droite de l'Harrach.

Nous passons sous silence de petits établissements qui se forment en ce moment à Bouffarick, autour de la nouvelle ville dite Médina-Clauzel, au centre de la plaine, sur la route de Douéra à Bélida, et ce n'est pas ici le lieu de parler des immenses progrès qu'a fait cette année la culture sur le massif même d'Alger.

www.ingramcontent.com/pod-product-compliance
Lightning Source LLC
Chambersburg PA
CBHW061711050726

47598CB00004B/1779